Kolonia Gorgosch

Grundlagen der Energiegewinnung. Vor- und Nachteile der Geothermie

GRIN Verlag

Bibliografische Information der Deutschen Nationalbibliothek:

Die Deutsche Bibliothek verzeichnet diese Publikation in der Deutschen Nationalbibliografie; detaillierte bibliografische Daten sind im Internet über http://dnb.d-nb.de/ abrufbar.

Impressum:

Druck und Bindung: Books on Demand GmbH, Norderstedt Germany
ISBN: 978-3-656-55442-4

Dieses Buch bei GRIN:

http://www.grin.com/de/e-book/265767/grundlagen-der-energiegewinnung-vor-und-nachteile-der-geothermie

fhwedel
UNIVERSITY OF APPLIED SCIENCES

SEMINARARBEIT TECHNISCHES SEMINAR SS 2012

GEOTHERMIE

Eingereicht von:

Kolonia Gorgosch

INHALTSVERZEICHNIS

1. EINLEITUNG

Spätestens seit der Veröffentlichung des Berichts *„2052: Eine globale Vorhersage für die nächsten 40 Jahre"* vom Club of Rome am 08.05.2012, ist der interessierten Öffentlichkeit die Begrenzung der Energieressourcen Kohle, Öl und Gas bekannt. Innovative Ideen und technischer Fortschritt ermöglichten es uns Menschen, die naturgegebenen Ressourcen zu erschließen und unseren Nutzen in Form von Energiegewinnung aus ihnen zu ziehen. Die Energiegeschichte der Menschheit bekam erst durch die industrielle Revolution eine große Bedeutung. Es wurden mit einem Mal enorme Energiemengen benötigt und man vollzog den Wechsel auf die Verwendung von fossilen Brennstoffen, in erster Linie Kohle, anstelle der zuvor genutzten nachwachsenden Rohstoffe, wie beispielsweise Stroh oder Holz. Durch die Verwendung dieser fossilen Brennstoffe, wie auch Öl und Gas wurden die Möglichkeiten und die Kraft der Menschheit vervielfacht. Jedoch brachte der Gebrauch dieser Brennstoffe eine neue Dimension von negativen Umweltveränderungen hervor. Die erste wahrzunehmende Veränderung war die Luftverschmutzung. Hohe Schornsteine sollten Abhilfe schaffen, aber sie verlagerten das Problem lediglich. Sie verursachten sauren Regen fernab der Industriegebiete. Der Einsatz von Filtern und der Übergang von Kohle zu Gas und Öl bei den Hausheizungen haben das Problem zumindest in den Industrieländern wesentlich reduziert. Weltweit bleibt die Umweltverschmutzung allerdings akut und heute ist bekannt, dass das unsichtbare Treibhausgas Kohlenstoffdioxid aus der Verbrennung fossiler Brennstoffe eine Hauptursache für den Klimawandel ist. Die Bildung von Kohlenstoffdioxid bei der Verbrennung ist nicht zu verhindern, der Kohlenstoff im Brennstoff reagiert mit Sauerstoff zu Kohlenstoffdioxid. Als weitere Problematik kommt hinzu, dass die Vorräte an fossilen

Brennstoffen nicht unendlich sind. Besonders Ölreserven scheinen in absehbarer Zeit aufgebraucht zu sein.[1]

Diese Endlichkeit sowie die Gefahren der Atomenergie, wie sie zuletzt die Atomkatastrophe von Fukushima gezeigt haben, aber auch der wachsende Hunger nach Energie haben zu einem Umdenken und einem Umlenken zu erneuerbaren Energien geführt. Abb. 1 zeigt die Entwicklung des Weltenergieverbrauchs im Industriezeitalter von 1860 bis 2010 in Mtoe, Megatonnen Öl-Äquivalent. („*Maßeinheit für die in Form von Heizstoffen vorhandene Energie bzw. den Energieverbrauch, beispielsweise bei der Stromerzeugung oder Verbrennungsprozessen*" [2]). Neuesten Erkenntnissen zur Folge lag der Primärenergieverbrauch im Jahre 2010 bereits bei ca. 12.000 Mtoe[3].

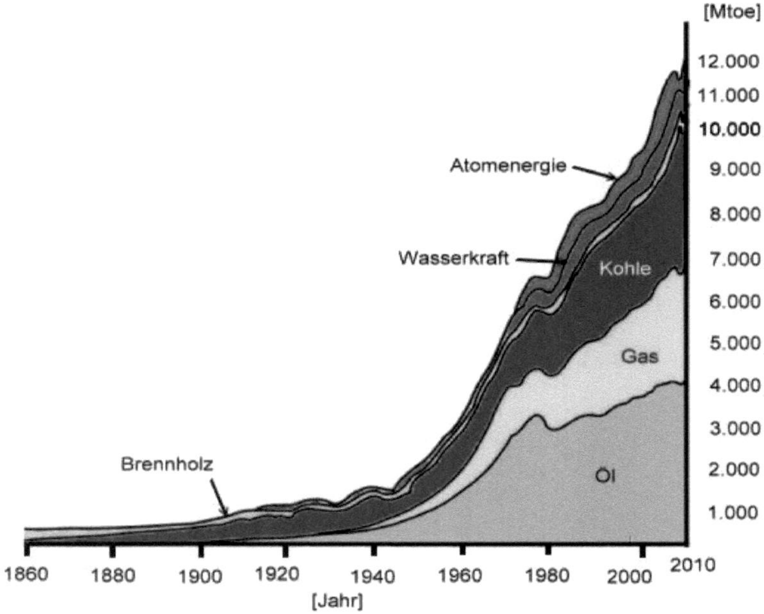

Abb. 1 Entwicklung des Weltenergieverbrauchs im Industriezeitalter (von 1860 bis 2010)

[1] Vgl. Jürgen Paeger, 2006 - 2012
[2] Aus http://de.m.wikipedia.org/wiki/%C3%96leinheit#section_1
[3] Vgl. BP, 2011, S. 41

Es bleibt nun also festzuhalten, dass sich die Frage nach alternativen Energieformen stellt. Seit mehreren Jahrzehnten werden die Energiegewinnung durch die Kraft von Wasser, Sonne und Wind erforscht. Was zunächst als Durchbruch im Kampf für die Unabhängigkeit von den Ölländern und Aufhalten einer Klimakatastrophe schien, erwies sich als nicht ausreichend. Problematisch ist hierbei die Effizienz. Sonne, Wasser und Wind sind zwar praktisch überall auf der Welt vorhanden, jedoch nicht überall in dem Maße, wie es nötig wäre um einen hohen Wirkungsgrad bzw. wirtschaftlichen Nutzen zu erzielen. Es muss also eine andere Lösung für das Energieproblem gefunden werden. Viel mehr benötigen wir eine Form der Energie, die praktisch ständig verfügbar ist. Wichtig ist hierbei eine Energieform, die grundlastfähig ist. *„Die Grundlast ist in der Stromerzeugung die Kraftwerksleistung, die Tag und Nacht, Sommer wie Winter, immer gebraucht wird. [...] Die verschiedenen Lasttypen stellen unterschiedliche Anforderungen an Kraftwerke: Grundlastkraftwerke brauchen nicht schnell regelbar sein, sollten aber möglichst billig Strom erzeugen"* [4]

In den letzen 100 Jahren wurden bei den meisten Tiefbohrungen nach sprudelnden Ölquellen gesucht, doch nun suchen die Ingenieure nach hocherhitztem Wasser - dem Treibstoff einer neuen Technologie mit dem aus Erdwärme Elektrizität gewonnen werden kann. Es handelt sich um geothermische Energiegewinnung, die zur Stromerzeugung und auch direkt zur Erwärmung von Wasser genutzt werden kann. Diese kann unsere Abhängigkeit von fossilen Brennstoffen beenden. Geothermie gilt als unerschöpfliche Energiequelle. Ferner ist sie rund um die Uhr und ganzjährig verfügbar und somit grundlastfähig. [5] Folgende Seiten sollen einen kleinen Einblick in die Entstehung, das Vorkommen und die Nutzung der Geothermie vermitteln.

[4] Jürgen Paeger, 2006-2011
[5] Vgl. N24, 2009

2. WAS IST GEOTHERMIE ?

Geothermie wird auch als geothermische Energie oder Erdwärme bezeichnet. Sie ist die in Form von Wärme gespeicherte Energie unterhalb der Erdoberfläche und gehört zu den erneuerbaren Energien. Sie wird sowohl direkt im Wärmemarkt zum Heizen oder Kühlen, als auch zur Erzeugung elektrischen Stroms genutzt. Als erneuerbare oder regenerative Energiequellen werden jene bezeichnet, die unter menschlichem Zeithorizont unerschöpflich sind.

Geothermie bezeichnet die ingenieurtechnische Befassung mit der Erdwärme und ihrer Verwendung und die geowissenschaftliche Analyse der thermischen Situation des Erdkörpers.[6]

2.1 AUFBAU DER ERDE

Um die Technologien der Nutzung der geothermischen Energie zu verstehen, muss man sich zunächst mit dem Aufbau der Erde vertraut machen.

Unsere Erde ist schalenförmig aufgebaut, siehe Abbildung 2. Der feste, innere Erdkern bildet das Zentrum. Darauf folgt der flüssige, äußere Erdkern. Aus der Kristallisation dessen ist der feste Erdkern entstanden. Der flüssige Erdkern ist umgeben vom Erdmantel und der wiederum von der sehr dünnen Erdkruste. Der Erdkern hat mit 3.470 km einen größeren Anteil am Erdradius als der Erdmantel mit 2.860 km. Er macht nur 16 % des Gesamtvolumens der Erde aus, aufgrund seiner sehr hohen Dichte jedoch 32 % der Erdmasse. Im inneren Erdkern, der aus einer Eisen-Nickel-Legierung besteht, herrschen in über 6.000 km Tiefe

[6] Vgl. Wikipedia, Geothermie, 17.05.2012

Temperaturen von bis zu 5.000° C und ein Druck von über 4 Millionen Bar.[7]

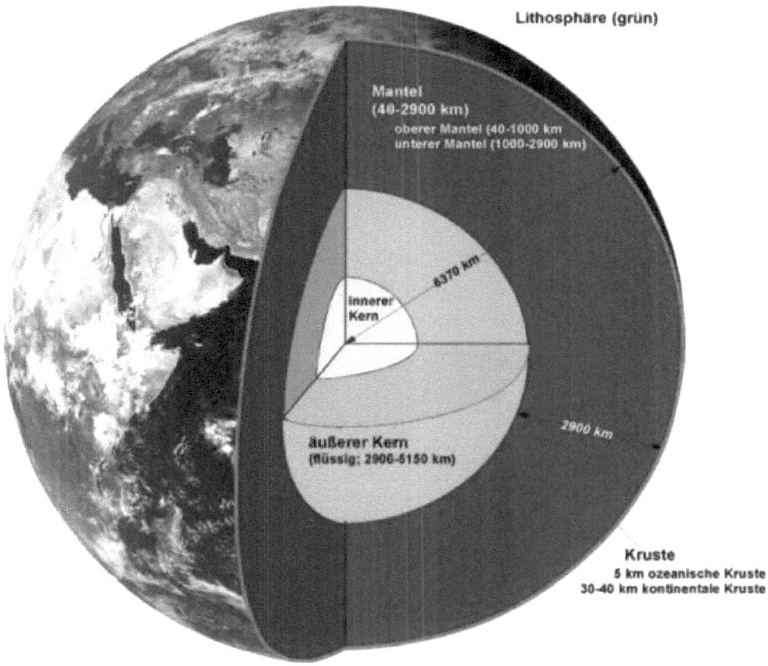

Abb. 2 Aufbau der Erde

Bei Temperaturen um 2.900° C und entsprechend geringerem Druck ist der äußere Erdkern eine flüssige Eisenschmelze und die mechanische Energie der Strömungen des leitfähigen Materials wird in elektromagnetische Energie umgewandelt. Mit seiner elektrischen Leitfähigkeit und in Zusammenwirkung mit der Erdrotation ist der äußere Erdkern ursächlich für das Magnetfeld der Erde. Durch den Wechsel von Eisen zu verschiedenen leichteren Materialien, die eine sprunghafte Dichteabnahme verursachen, ist der Übergang zwischen Erdkern und

[7] Vgl. Stober, Bucher, 2012, S. 3 ff.

Erdmantel gekennzeichnet. Unterhalb der Erdkruste beginnt der obere Erdmantel und reicht bis ca. 1.000 km Tiefe. Unterhalb dessen befindet sich eine Schicht mit erhöhter Fliessfähigkeit durch partiell aufgeschmolzenes Gesteinsmaterial. Dies ist der Grund für die Beweglichkeit des darüberliegenden Teils des oberen Erdmantels, der aus 15 verschieden großen Platten bestehenden Lithosphäre. Im Erdmantel finden immense walzenförmige Fliessbewegungen und Umwalzungen des festen Erdmantels durch thermisch induzierte Auftriebskräfte angetrieben statt. Der Erdkern ist nicht einbezogen. Er ist lediglich der Motor dieser sogenannten Konvektionsströme und treibt sie seit der Entstehung der Erde mit seiner Wärme an. Diese thermischen Konvektionsströme sind also die Ursache für die Bewegung der Platten, der sogenannten Plattentektonik. Bei der Kollision verschiedener Platten durch Aufeinanderzubewegung können riesige Gebirge entstehen. Beim Auseinanderdriften hingegen findet eine Dehnung der Erdkruste oder des obersten Teils des oberen Erdmantels statt und erzeugt Gräben, wie den Oberrheingraben oder Tiefseegräben wie die mittelozeanischen Rücken. Da die Größe der Erdoberfläche sich nicht verändert, verursacht jede Bewegung einer Platte auch eine Veränderung an anderer Stelle. Taucht beispielsweise eine Platte unter eine andere, entsteht an dieser Stelle ein Gebirge, an einer anderen jedoch ein Graben. An diesen Plattengrenzen findet in unterschiedlichem Maße vulkanische Aktivität statt. Das heiße Mantelmaterial kann nach oben strömen, die Erdkruste durchstoßen und zu Vulkanausbrüchen führen. Diese Orte werden Hot Spots genannt. Da sie im tieferen Erdmantel ortsfest sind, wandern die Lithosphärenplatten über sie hinweg und es entsteht eine Art Kette von Vulkanen, wobei immer nur der letzte Vulkan aktiv ist. Diese Phänomene kommen den Menschen entgegen, denn nur so sind sie in der Lage durch entsprechende Technologien die Wärme aus dem Erdinneren zur Energieerzeugung zu nutzen.[7,8]

---

[8] Lanius, 1995, S. 80 ff.

2.2 URSPRUNG GEOTHERMISCHER ENERGIE

Im Erdinneren ist eine unermessliche Menge an Wärme gespeichert. Etwa 99 % der Erdmasse sind heißer als 1.000° C und nur 0,1 % kälter als 100° C. Jedoch ist die Verteilung dieser Wärme nicht gleichmäßig. Von der durchschnittlich 15° C kühlen Erdoberfläche bis zum 5.000 – über 6.000° C heißen Erdkern nimmt die Temperatur zu. Lediglich die oberen 10 km der Erdkruste, beinhalten mit ca. 100.000.000 EJ, Exa-Joule an Wärmeenergie das Potenzial, den gesamten aktuellen (2009) Energiebedarf der Erde etwa 100.000 Mal zu decken.[9]

Ein Teil der Eigenwärme des Erdkörpers von 30 – 50 % stammt aus der Zeit der Erdentstehung vor 4,7 Mrd. Jahren. Dieser Teil der Erdwärme wird als Restwärme oder Akkretionswärme bezeichnet. Den Hauptteil jedoch mit 50 – 70 % bildet der Zerfall natürlicher, radioaktiver Elemente in den Gesteinen, die seit Millionen Jahren Wärme produziert haben und noch immer produzieren. Die Auswirkungen des Klimas stellen jedoch nur einen geringen Teil des Gesamtpotenzials dar und zeigen sich lediglich in den obersten Metern der Erdkruste.[9]

2.2.1 RESTWÄRME/AKKRETIONSWÄRME

Vor ca. 4,6 Milliarden Jahren ist die Erde durch die Akkretion (Verdichtung) einer kosmischen Wolke aus Gas, Staub und Gesteinsbrocken entstanden. Das Material erhitzte sich beim Zusammenballen verursacht durch die Gravitation. Aufgrund der geringen Wärmeleitfähigkeit der Gesteine und der damit geringen Wärmeabgabe an den Weltraum ist diese Wärmeenergie zum Teil bis heute noch erhalten und kann als Restwärme oder Akkretionswärme aus der Zeit der Erdentstehung bezeichnet werden. Ferner bewirkten erhebliche Meteoriteneinschläge eine stetige Aufheizung der jungen Erde. Als ursprüngliche Wärme wird auch jene bezeichnet, die durch das

[9] Vgl. GtV - Bundesverband Geothermie e.V., letzter Aufruf 03.06.2012

Verfestigen, der bereits erwähnten Kristallisation, des flüssigen Erdgesteins am Übergang vom äußeren zum inneren Erdkern, auch heute noch, entsteht.[6,9]

2.2.2 RADIOAKTIVER ZERFALL

Der natürliche Zerfall der im Erdkörper vorhandenen langlebigen, radioaktiven Isotope wie beispielsweise Kalium-40, Thorium-232, Uran-235 und Uran-238 setzt Wärme frei. Die Erdkruste produziert aufgrund ihres höheren Gehalts an radioaktiven Elementen mehr Wärme pro Einheitsvolumen als der Erdmantel, jedoch ist dieser die Hauptwärmequelle in Bezug auf Wärmeproduktion aus radioaktivem Zerfall, da er ein viel höheres Volumen aufweist.[9]

2.2.3 KLIMAEINFLUSS

In der Nähe der Erdoberfläche, also den obersten Metern der Erdkruste, wird die Temperatur des Untergrundes durch das Klima beeinflusst. Die Sonneneinstrahlung und auftreffender Niederschlag beeinflussen das Temperaturniveau ebenfalls. Das zeigt sich darin, dass sich der Boden im Sommer aufheizt, im Winter aber einige Meter tief gefroren sein kann. Der Jahresgang, also die jahreszeitenabhängige Temperatureinwirkung nimmt mit zunehmender Tiefe ab. In ca. 20 Metern Tiefe stellt sich ein Gleichgewicht zwischen Innen- und Außentemperatur der Erde ein.[10]

[10] Vgl. Deutsches Cleantech Institut, 2012

2.3 TERRESTRISCHER WÄRMESTROM UND GEOTHERMISCHER TEMPERATURGRADIENT

Der zur Oberfläche hin gerichtete Wärmetransport aus dem Erdinneren, dessen treibende Kraft der Temperaturunterschied zwischen Erdkern und Erdkruste ist, wird als terrestrische· Wärmestrom bezeichnet. Der Wärmetransport erfolgt über Mechanismen der Konduktion und der Konvektion. Während die Konduktion den Wärmetransport bei benachbarten festen Stoffen beschreibt, handelt es sich bei der Konvektion um die Wärmeübertragung flüssiger oder gasförmiger Stoffe. Die Konduktion erfolgt sehr langsam in dem der Stoff mit der höheren Temperatur einem benachbarten Stoff mit einer niedrigeren Temperatur Energie abgibt. [11] Bei der Konvektion hingegen ist der Energietransport verbunden mit einem Stoffstrom. Gasteilchen oder Flüssigkeiten transportieren Energie hin zu einem anderen Ort. Durch die Temperaturveränderungen, erfolgen bei der Konvektion auch Dichteänderungen die Auftriebskräfte verursachen.[10,12]

Die Temperatur steigt, je tiefer man in die Erdmasse eindringt. In Mitteleuropa liegt der sogenannte geothermische Temperaturgradient bei ca. 3° C pro 100 m. Er ist der Antrieb der Wärmebewegung vom Erdinneren zur Erdoberfläche.[13]

3. FORMEN DER ENERGIEGEWINNUNG

Die technische Nutzbarkeit der geothermischen Energie ist stark von den geologischen und hydrologischen Verhältnissen des Untergrundes abhängig. Eine entscheidende Rolle kommt hierbei den wasserführenden Schichten, den so genannten Aquiferen, zu. Denn bis in eine Tiefe von

[11] Vgl. Groth, Müller, 2009, S. 3
[12] Vgl. Kramer, Mühlbauer, 2002, S. 71
[13] Vgl. Stober, Bucher, 2012, S. 12

etwa fünf Kilometern ist das Gestein fast immer von Rissen und Klüften durchzogen. In diesen natürlichen Leitungssystemen zirkuliert Wasser, welches die Wärme aus dem Erdinneren aufnimmt, speichert und weiterleitet. Entsprechend ihrer Wassertemperatur werden die Aquifere in heiß (über 100°C), warm (40-100°C) und Niedrigtemperatur (25°-40°C) eingeteilt. Weitere geothermische Ressourcen sind Gebiete mit Wärmeanomalien und heiße, trockene Gesteine. [14]

3.1 TIEFE GEOTHERMIE

Bei zunehmender Eindringtiefe in die Erdkruste steigt die Temperatur. Der Temperaturanstieg liegt bei ca. 30° C pro Kilometer. Als Wärmeanomalien bezeichnet man Temperaturabweichungen in diesem Zusammenhang. Die tiefe Geothermie beinhaltet Methoden der Energiegewinnung, bei denen die geothermische Energie aus Lagerstätten in großen Tiefen ab 400 m unterhalb der Erdkruste über Tiefbohrungen gefördert wird. Die Energie kann direkt ohne Niveauanhebung verwendet werden. Mit Hilfe dieser Methoden ist eine Stromerzeugung in Kraftwerken sowie Wärmeerzeugung möglich. In der tiefen Geothermie unterscheidet man zwischen Hoch- und Niederenthalpie-Lagerstätten. Unter Enthalpie versteht man vereinfacht den Energiegehalt eines Stoffes. Aufgrund des höheren Energiegehalts sind Hochenthalpie-Lagerstätten besonders interessant durch eine hohe Energieeffizienz. Die Unterscheidung zwischen Niederenthalpie- und Hochenthalpie-Lagerstätten erfolgt über die Temperatur. Die Grenze liegt hier bei 200° C. [15] Tiefe Geothermie erzeugt Energie mit 3 Systemen. Den hydrothermalen, die die Energie des im Untergrund gespeicherten Wassers nutzen, den petrothermalen, die die gespeicherte Energie aus dem Gestein des Untergrundes nutzen und tiefen

[14] Vgl. Andreas Heitkamp, 12.11.2004
[15] Vgl. Stober, Bucher, 2012, S. 36

Erdsonden, die Energie nutzen, die n einem bis zu 3.000 m tiefen geschlossenen System gespeichert ist.[16]

3.1.1 HOCHENTHALPIE-LAGERSTÄTTEN

Hochenthalpie–Lagerstätten entstehen n Gebieten mit Wärmeanomalien verursacht durch vulkanische Aktivität. Hierbei findet man mehrere Hundert Grad heiße Temperaturen in geringen Tiefen. Bei Hochenthalpie-Lagerstätten kann elektrische Energie direkt über Dampfturbinen erzeugt werden. Sie haben somit einen hohen Wirkungsgrad, weshalb sie die weltweite Stromerzeugung aus Geothermie dominieren. Um mit dem Medium Wasser den hierfür nötigen Dampfdruck zu erhalten, sind hohe Temperaturen von über 200° C nötig.[14]

3.1.2 NIEDERENTHALPIE-LAGERSTÄTTEN

Niederenthalpie-Lagerstätten entstehen auf den Kontinentalplatten. Meistens sind Bohrungen in Tiefen vor 3.000-5.000 m erforderlich um die geothermische Energie zur Wärme- oder Stromerzeugung nutzbar zu machen. Die in Deutschland vorhandenen geothermischen Lagerstätten sind bis auf wenige Ausnahmen Niederenthalpie-Lagerstätten.[17]

3.1.3 HYDROTHERMALE SYSTEME

Bei den Hydrothermalen Systemen zur Nutzung der Geothermie wird das natürliche Thermalwasser aus den wasserführenden Gesteinsschichten, den sogenannten Heißwasser-Aquiferen gefördert. Abhängig von der Temperatur des Wassers ist die hydrothermale Geothermie für die Wärme und / oder Stromerzeugung einsetzbar. Das gängigste Verfahren

[16] Vgl. Forschungsverbund Geothermie und Hochleistungsbohrtechnik, letzter Aufruf 03.06.2012
[17] Vgl. Agentur für Erneuerbare Energien, letzter Aufruf 30.05.2012

zur Wärmegewinnung ist das Dubletten-Verfahren, siehe Abb. 4. Durch die Förderbohrung wird das heiße Wasser an die Oberfläche gebracht, wo es an einen Wärmetauscher in einen Teil seiner Energie abgibt. Das Wasser wird danach durch eine Injektionsbohrung wieder in die Erde gepresst. Zum Einen weil Thermalwässer einen hohen Mineral- und Gasgehalt und geringe, natürliche radioaktive Kontamination haben und die Entsorgung kostspieliger wäre als die Injektion in den Erdboden. Zum Anderen muss für Wassernachschub gesorgt werden, weil bei der hydrothermalen Nutzung sehr große Mengen an Wasser gefördert werden und die natürliche Erneuerung sehr lange dauert.[18] Von Nachteil bei der Energiegewinnung aus den Heißwasser-Aquiferen ist, dass bei den Bohrungen nach diesen heißen Wasserquellen mit Bohrkosten von bis zu 1 Mio. €/km das Risiko besteht, nicht in gewünschtem Maße auf Geothermie zu stoßen.

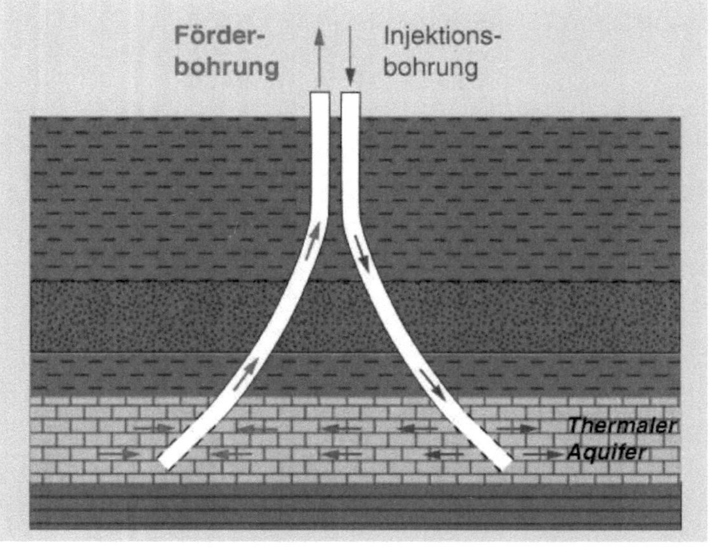

Abb. 3 Schema eines Dublettenverfahrens

[18] Staiß, 2003, S. 105

Ab einer geringen Wassertemperatur von ca. 80° C kann mittels zusätzlicher Methoden eine Verstromung vorgenommen werden. Hierzu werden die Binärprinzipe ORC (Organic Rankine Cycle)- und das Kalina-Verfahren verwendet. Bei diesen Verfahren gibt das heiße geothermische Fluid seine Wärme in einem Dampferzeuger ab. Beim ORC-Verfahren wird anstelle von Wasser ein Arbeitsmedium im Dampfturbinenprozess verwendet, welches bereits bei sehr niedrigen Temperaturen verdampft. Die Erdwärme wird also an einen Kreislauf übertragen, in dem zum Beispiel Isopentan verdampft wird und mit seinem Dampf eine Turbine antreibt. Beim Kalina-Verfahren dagegen wird die Wärme auch an einen zweiten Kreislauf übertragen, jedoch wird ein Zweistoffgemisch aus Ammoniak und Wasser verwendet. Der Vorteil gegenüber dem ORC-Verfahren liegt darin, dass das Ammoniak-Wassergemisch bereits bei niedrigeren Temperaturen über einen großen Temperaturbereich siedet und somit mehr Dampf an dieTurbine abgeben kann. Abb. 5 zeigt die Verdampfungskurven des ORC- und Kalina-Verfahrens. Es ist zu erkennen, dass die Verdampfung beim ORC-Verfahren bei ca. 92° C stattfindet und beim Kalina-Verfahren von ca.75° C bis ca. 118° C.[19]

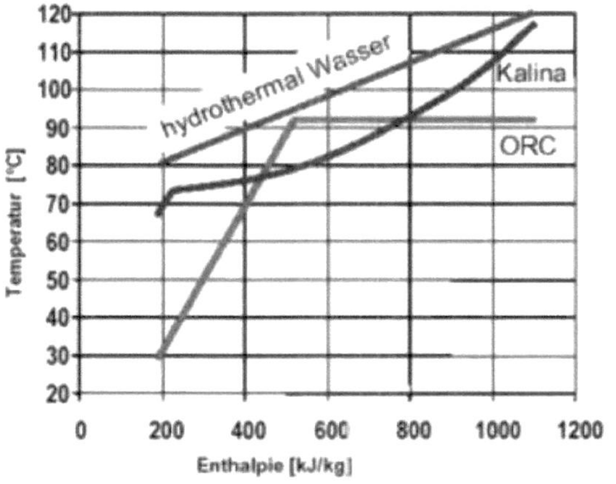

Abb. 4 Verdampfungskurven ORC-Verfahren und Kalinaverfahren

[19] Leuschner, letzter Aufruf 31.05.2012

3.1.4 PETROTHERMALE SYSTEME

Petrothermale Systeme zählen zu den Hochtemperaturnutzungen. Sie fördern Energie aus heißem Tiefengestein, welches nicht von wasserführenden Aquiferen durchzogen ist. Um die Energie verwenden zu können, wird das wenig geklüftete Gestein stimuliert, um Wegsamkeiten für die Wärmeleitflüssigkeit Wasser zu erzeugen. Dies geschieht, indem unter hohem Druck Wasser eingepresst wird um das natürlich Kluftsystem zu erweitern oder ein künstliches zu erzeugen. Danach wird der durch das heiße Gestein erzeugte Wasserdampf an die Oberfläche gebracht und entweder direkt zur Stromerzeugung an eine Dampfturbine oder in ein Binärsystem geleitet. Zu den petrothermalen Systemen gehören unter anderem das Hot-Dry-Rock-System (HDR).

3.1.5 TIEFE ERDWÄRMESONDEN

Bei tiefen Erdsonden ist nur eine einzige Bohrung notwendig. Es handelt sich um ein geschlossenes doppelwandiges Rohrsystem welches bis zu 3.000 m tief ins Erdreich reicht. Durch den äußeren Ringbereich wird eine Wärmeträgerflüssigkeit das Rohr hinunter geleitet. Man verwendet dafür entweder Wasser oder ein Gemisch aus beispielsweise Wasser und Ammoniak. Das heiße Erdgestein überträgt seine Wärme auf die Wärmeträgerflüssigkeit, sodass diese sich erhitzt und durch das isolierte Innenrohr an die Erdoberfläche gelangt. Die gewonnene Energie kann nur für die Wärmeerzeugung, nicht zur Stromerzeugung genutzt werden. Der Wirkungsgrad einer tiefen Erdsonde ist abhängig von dem geothermischen Temperaturgradienten und der konduktiven bzw. konvektiven Wärmeleitung.[8] Der Vorteil der tiefen Erdwärmesonden liegt in dem geringen Flächenbedarf, jedoch sind die hohen Kosten aufwendiger Bodenanalysen von Nachteil.

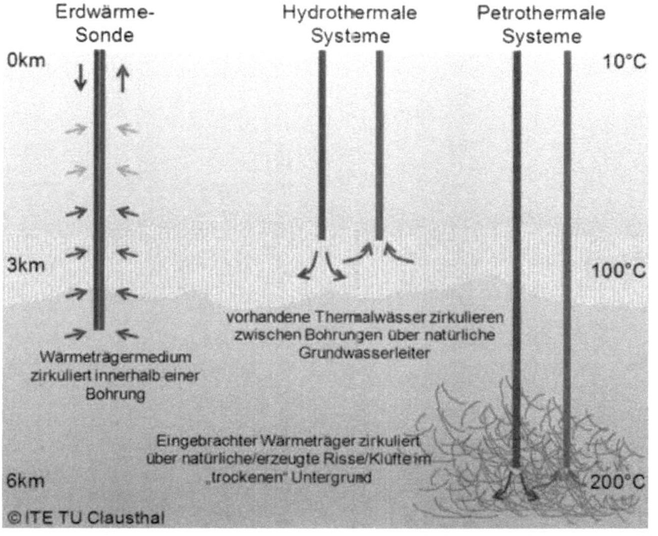

Abb. 5 Systeme für die Nutzung tiefer geothermischer Energie

3.2 OBERFLÄCHENNAHE GEOTHERMIE

Aufgrund des niedrigen Temperaturniveaus, wird die oberflächennahe Geothermie, die in Tiefen von bis zu 400 m eindringt, nur zum Beheizen oder Kühlen von Gebäuden, technischen Anlagen oder Infrastrukturanlagen verwendet. Die Energie wird dem oberflächennahen Gestein, dem Erdreich oder dem Grundwasser mit Hilfe von Erdwärmesonden oder Erdwärmekollektoren oder Grundwasserpumpen entzogen. Die Temperatur muss mit Hilfe einer erdgekoppelten Wärmepumpe angehoben werden.

3.2.1 OBERFLÄCHENNAHE ERDWÄRMESONDEN

Die oberflächennahen Erdwärmesonden funktionieren in ähnlicher Weise wie die tiefen Erdwärmesonden. Hier werden auch doppelwandige

Kunststoffrohre als Wärmetauscher vertikal in das Erdreich eingebracht, nur dass die oberflächennahen bis maximal 400 m hinabreichen.[20]

3.2.2 ERDWÄRMEKOLLEKTOREN

Erdwärmekollektoren sind horizontal verlegte Kunststoffrohre verbunden mit einem Heizsystem. In den Rohren zirkuliert eine Wärmeleitflüssigkeit mit Frostschutzmittel, welches benötigt wird um ein Einfrieren der Rohre zu vermeiden, da diese in geringen Tiefen von 0,8 bis 1,6 m verlegt werden. Die Wärmeleitflüssigkeit nimmt die Wärme aus der Erde auf, die Temperatur wird mit Hilfe einer Wärmepumpe angehoben und dem Heizsystem zugeführt. Besondere Anforderungen an die Installation werden dahin gehend gestellt, dass die Kollektoren nicht überbaut und der Boden darüber nicht versiegelt werden darf. Aufgrund der geringen Leistungsfähigkeit dieser Technologie, werden Erdwärmekollektoren für geringe Energiebedarfe wie zum Beispiel denen von Einfamilienhäusern verwendet.[21] Vorteilhaft sind geringe Investitionskosten, da keine Bohrungen durchgeführt werden, jedoch wird dem Heizsystem im Winter durch den ausgekühlten Boden nur wenig Energie zugeführt. Die Abbildung 6 zeigt ein Heizsystem unter der Verwendung von Erdwärmekollektoren. Der Wärmeträger, ein Ethylen-Glykol-Wassergemisch zirkuliert in dem Kollektor und die gewonnene Wärme wird von der Wärmepumpe auf ein höheres Temperaturniveau angehoben und an die Fußbodenheizung geleitet.

[20] Kaltschmitt, Wiese, Streicher, 2006, S 394

[21] Girmscheid, Lunze, 2010, S. 128

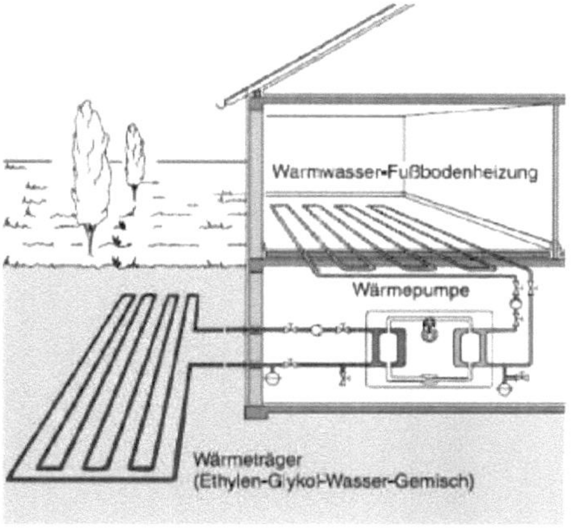

Abbildung 6 Erdwärmekollektoren

3.2.3 GRUNDWASSER-WÄRMEPUMPEN

Bei der Verwendung von Grundwasser-Wärmepumpen wird oberflächennahes Grundwasser über Förderbrunnen entnommen, zur Wärmepumpe geleitet und dem Grundwasserkörper wieder zugeführt. Vorteilhaft sind hierbei die geringen Kosten, jedoch ist von Nachteil, dass wasserrechtliche Genehmigungen erforderlich sind, die in Wasser- und Heilquellenschutzgebieten und bei besonderen hydrologischen Verhältnissen grundsätzlich nicht erteilt werden.[22]

4. VORKOMMEN VON GEOTHERMIE

Grundsätzlich ist Geothermie überall verfügbar, wenn auch nicht überall im selben Ausmaß. Am besten eignen sich zur Verwendung geothermischer Energie die geologisch aktivsten Stellen unserer Erde. Gemeint sind Regionen mit vulkanischer Aktivität oder Wärmeanomalien. An diesen Stellen werden Geothermiekraftwerke angesiedelt, wie Abbildung 7 veranschaulicht. In 78 Ländern unserer Erde sind

[22] Zhao, Böhmer, FH Köln, 2007, S. 2

Kraftwerke zur Wärmebereitstellung installiert, mit einer Kraftwerksleistung von ca. 51.000 MW jährlich. Einen deutlich geringeren Anteil haben die installierten Kraftwerke zur Stromerzeugung. Die in 24 Ländern installierten Kraftwerke erbringen eine Leistung von ca. 11.000 MW.[23] Im Vergleich beträgt die installierte Atomkraftwerksleistung 367.000 MW.

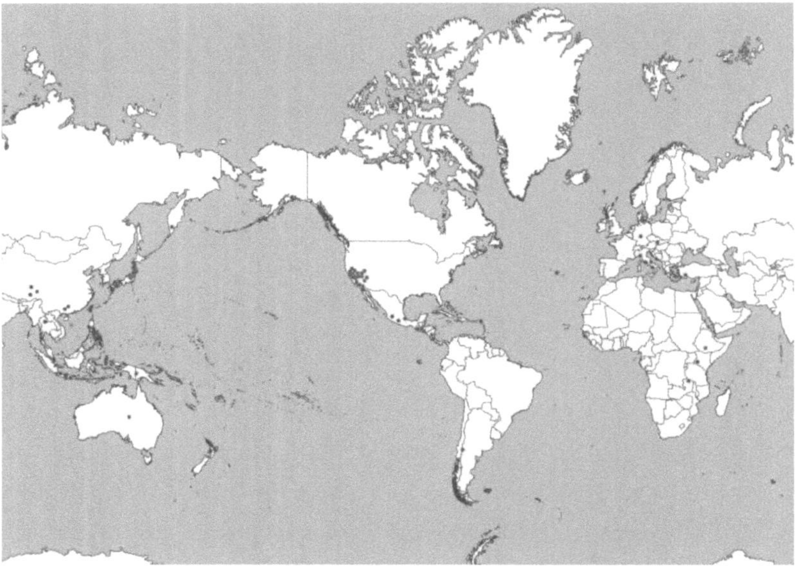

Abb. 7 Ansiedlung von Geothermiekraftwerken besonders am Pazifischen Feuergürtel

5. VOR- UND NACHTEILE

VORTEILE:

- Geothermie ist unabhängig von Tag- und Nachtzeiten und Witterung und somit grundlastfähig.

[23] Renn, Schlögl, Zenner, 2011, S. 53

- Sie ist praktisch unerschöpflich und somit nachhaltig. Der Energiebedarf der heutigen Generation ist damit gedeckt und die Verfügbarkeit der Energie der noch kommenden Generationen ist nicht gefährdet.
- Sie ist Energie vor Ort und muss nicht über lange Wege zum Verbraucher geführt werden.
- Sie trägt zum Klimaschutz bei, da sie im Gegensatz zu fossilen Brennstoffen kein Kohlenstoffdioxid ausstößt.
- Sie macht uns unabhängig von Öl- und Gaslieferungen, da sie eine heimische, krisensichere Energiequelle ist.
- Sie verursacht praktisch keine Betriebskosten, da sie kein Erdöl oder –gas benötigt.
- Sie ist platzsparend, da geothermische Anlagen zum Großteil unter der Erdoberfläche installiert sind.
- Man kann die Anlagen durch Umkehr auch zur Kühlung verwenden.
- Sie bietet multiple Verwendungsmöglichkeiten, weil sie zur Wärme- und Stromproduktion verwendet werden kann. [24,25]

NACHTEILE:

- Die Installation der Anlagen ist besonders im Bereich der tiefen Geothermie sehr kostspielig. Zum Einen, weil oftmals mehrfach gebohrt werden muss um beispielsweise auf geeignete Aquiferen zu stoßen, zum Anderen, weil die Bohrungen aufgrund des harten Untergrunds zu einem hohen Verschleiß der Bohrköpfe führen.

[24] Die Welt, letzter Aufruf 03.06.2012
[25] tiefengeothermie-erdwaerme.de, letzter Aufruf 03.06.2012

- Bei der Nutzung der oberflächennahen Geothermie müssen Wärmepumpen eingesetzt werden, die wiederum Strom benötigen. Das verschlechtert die Energiebilanz.
- Oberflächennahe Geothermieanlagen können aufgrund von Platzmangel nicht überall installiert werden beispielsweise auf kleinen Grundstücken.
- Bei der Stimulation des Erdbodens können durch den großen Druck Erschütterungen auftreten, die zwar außerhalb des menschlichen Wahrnehmungsbereichs liegen, jedoch in tektonisch beanspruchten Gebieten zu Erdbeben führen.
- Die verwendeten Wärmeträgerflüssigkeiten wie zum Beispiel Ammoniak könnten bei Austritt lokale Beeinträchtigungen des Erdbodens und des Grundwassers verursachen.
- Wird das entnommene Wasser aus den wasserführenden Gesteinsschichten nicht ersetzt, kann es zu Absenkungen des Bodens kommen
- Unberechenbarkeit des Erdreichs. In Staufen wurde bei den Bohrungen eine Keuperschicht (Kalziumsulfat) durchstoßen, welches sich durch Wassereinwirkung ausdehnt, was dazu geführt hat, dass sich der Boden um mehrere Zentimeter im Monat angehoben hat. Dieser Umstand war ursächlich für erhebliche Risse an über 140 Häusern.
- In vulkanischen Gebieten kann durch Tiefbohrungen hochentzündlicher Schwefelwasserstoff freigesetzt werden. [24, 25]

6. AUSBLICK GEOTHERMIE IN DEUTSCHLAND

In Deutschland finden sich geeignete geothermale Vorkommen bis auf wenige Ausnahmen in relativ großen Tiefen, sodass Deutschland nicht zu den Regionen der Erde zählt, die sehr günstige Bedingungen für die Nutzung von Geothermie aufweisen. Diese unterlegene Position der Geothermie in Deutschland im Vergleich zu anderen erneuerbaren Anlagen zur Energiegewinnung zeigt sich in den hohen Kosten, verursacht durch die notwendigen Tiefenbohrungen. Studien sagen einen erwähnenswerten Beitrag zur Stromerzeugung der Geothermie erst für die Mitte des 21. Jahrhunderts voraus. [26]

Durch die Novelle des EEG (Erneuerbare Energien Gesetz) wird die Stromerzeugung aus Geothermie in Deutschland ab 01.01.2012 gefördert. Ferner stellt die Bundesregierung im Rahmen des 6. Energieforschungsprogramms für die Förderung von Forschung und Entwicklung für die Jahre 2011-2014 3.5 Mrd. € zur Verfügung. Um die Geothermie verstärkt auf den Energiemarkt zu bringen, steht insbesondere die Wärmegewinnung im Mittelpunkt der Forschungsförderung. [27]

Trotz der Risiken und der noch hohen Kosten der Nutzung von Geothermie ist sie eine unerschöpfliche Energiequelle, für deren Erschließbarkeit und Nutzung es sich lohnt, weiterzuforschen und neue Technologien zu entwickeln.

[26] Quaschning, 2007/08, S. 288
[27] Bundesministerium für Wirtschaft und Technologie, 2011, S. 11

7. LITERATURVERZEICHNIS

- BP, Statistical Review of World Energy 2011, 2011
- Bundesministerium für Wirtschaft und Technologie, Das 6. Energieforschungsprogramm der Bundesregierung, 2011
- Deutsches Cleantech Institut, Band 6, Geothermie, 2012
- Girmscheid, Lunze, Nachhaltig optimierte Gebäude, 2010
- Groth, Müller, FEM für Praktiker, Band 3: Temperaturfelder, 5. Auflage, 2009
- Kaltschmitt, Wiese, Streicher, Erneuerbare Energien, 2006
- Kramer, Mühlbauer, Praxishandbuch Thermoprozesstechnik, 2002
- Lanius, Die Erde im Wandel, Grenzen des vorhersagbaren, 1995
- Renn, Schlögl, Zenner, Herausforderung Energie, 2011
- Staiß, Jahrbuch Erneuerbare Energien 02/03, 2003
- Stober, Bucher, Geothermie, 2012
- Strauß, Kraftwerkstechnik zur Nutzung fossiler, nuklearer und regenerativer Energiequellen, 6. Auflage, 2009
- Quaschning, Regenerative Energiesysteme, 5. Auflage 2007/08
- Zhao,Böhmer,FH Köln, Stand der Technik & Potenzialabschätzung in Deutschland, 2007

8. QUELLENVERZEICHNIS

- http://www.oekosystem-erde.de/html/energie.html, Jürgen Paeger, 2006-2012, letzter Aufruf 21.05.2012
- http://de.m.wikipedia.org/wiki/%C3%96leinheit#section_1, letzter Aufruf 21.05.2012
- http://www.oekosystem-erde.de/html/glossar.html#grundlast, Jürgen Paeger, 2006 – 2011, letzter Aufruf 21.05.2012
- N24, Kraftwerk Erde, 2009, http://www.youtube.com/watch?v=yyvj5iM7L2Q&feature=relmfu, letzter Aufruf 20.05.2012
- Wikipedia, Geothermie, 17.05.2012, letzter Aufruf 25.05.2012
- Andreas Heitkamp, Tiefgründige Hitze Geologische Bedingungen, 12.11.2004, http://www.scinexx.de/dossier-185-1.html, letzter Aufruf 23.05.2012
- GtV - Bundesverband Geothermie e.V., http://www.geothermie.de/wissenswelt/geothermie/einstieg-in-die-geothermie/ursprung-geothermischer-energie-und-geothermischer-gradient.html, letzter Aufruf 25.05.2012
- Agentur für Erneuerbare Energien, http://www.unendlich-viel-energie.de/de/erdwaerme/detailansicht/article/89/ursprung-und-vorkommen-von-geothermie.html, letzter Aufruf 30.05.2012
- Leuschner, http://www.udo-leuschner.de/basiswissen/SB112-05.htm, letzter Aufruf 31.05.2012
- Forschungsverbund Geothermie und Hochleistungsbohrtechnik, http://www.gebo-nds.de/forschungsvorhaben/stand-der-forschung/, Letzter Aufruf 03.06.2012
- http://www.welt.de/wirtschaft/energie/specials/geothermie-erdwaerme/article8796827/Das-sind-die-Nachteile-und-Vorteile-von-Geothermie.html
- http://www.tiefengeothermie-erdwaerme.de/vorteile-und-nachteile.html

9. ABBILDUNGSVERZEICHNIS

1 Entwicklung des Weltenergieverbrauchs im Industriezeitalter (von 1860 bis 2010): http://www.oekosystem-erde.de/html/energiegeschichte.html, letzter Aufruf 21.05.2012

2 Aufbau der Erde: Stober, Bucher, Geothermie, 2012, S. 3

3 Schema eines Dublettenverfahrens: Stober, Bucher, Geothermie, 2012, S. 43

4 Verdampfungskurven ORC-Verfahren und Kalinaverfahren: Leuschner, http://www.udo-leuschner.de/basiswissen/SB112-05.htm, letzter Aufruf 31.05.2012

5 Systeme für die Nutzung tiefer geothermischer Energie: http://www.gebo-nds.de/typo3temp/pics/66e41c98f8.png, letzter Aufruf 31.05.2012

6 Erdwärmekollektoren: http://books.google.de/books?id=00mQa4UftDoC&pg=PA129&dq=Erdw%C3%A4rmekollektoren&hl=de&sa=X&ei=4dLLT7q0G87Ksgb1qJn6Bg&ved=0CF8Q6AEwAw#v=onepage&q=Erdw%C3%A4rmekollektoren&f=false, letzter Aufruf 03.06.2012

7 Ansiedlung von Geothermiekraftwerken besonders am Pazifischen Feuergürtel: Renn, Schlögl, Zenner, Herausforderung Energie, 2011, S. 54